うちの猫がまた変なことしてる。

7

卵山玉子（たまごやま たまこ）

プロローグ

夫は長かった髪を切って現在サッパリしてるのですが

BEFORE

AFTER

誰だかわからなくなりそうでイラストは変えてません

そのうち変えるかも

ざっくり卵山家間取り図

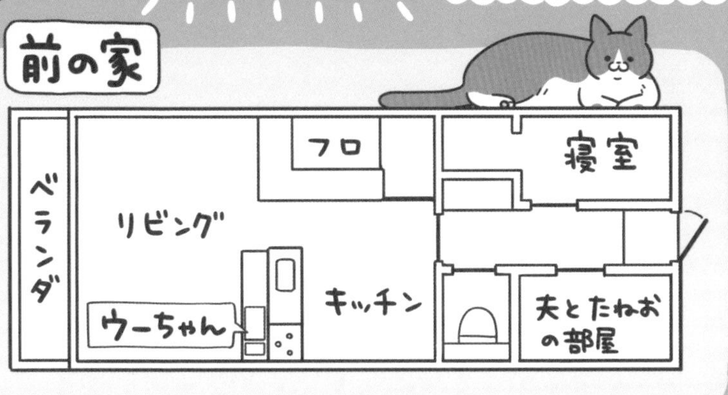

新居

1F

猫立ち入り禁止

2F

キッチン

リビング

ウーちゃん

3F

寝室

夫とたねおの部屋

もくじ

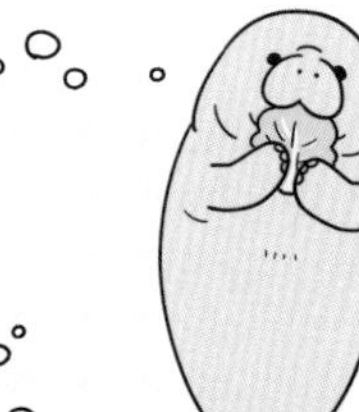

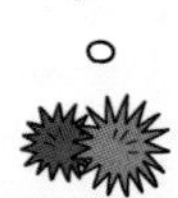
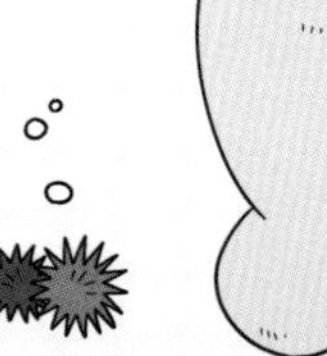

卵山 玉子

この漫画を描いている人。
かっこいい腹筋に憧れる。
一番好きなラーメンは
味噌バターコーン(中太ちぢれ麺)

トンちゃん

性別:メス(現在9歳)
卵山家のボス&No.1アイドル。
フードはカリカリ派だったけど
最近ウェットも嗜むようになった

シノさん

性別:メス(現在8歳)
だっこすると見た目より重い。
フードはウェット派。
よく舌をしまい忘れている

夫
料理に目覚めてレパートリーが
だんだん増えてきた。
一番好きなラーメンは
博多とんこつ（細麺かため）
50
豚こまレシピ
たねお
性別：オス（現在６歳）
愛護団体から預かっている
里親募集中の猫。
味にこだわるウェット派
ウーパーフード
ウーちゃん
性別：多分オス（現在２歳）
ウーパールーパー。
卵山家で一番小さいけど
一番世話が大変

ひっこしマッスル
ひっこしマッスル
ひっこしマッスル

第1章

猫と引っ越し

猫と引っ越し①

マンション暮らし
10年弱の卵山家
2LDK
増えていく
猫グッズ
もう一部屋
あるといいな
ということで引っ越しを決意

DREAM HOUSE
注文住宅でさー
猫仕様にして…
脱走対策も…
駅から
徒歩〇分で…
予算このくらいで…
2人は夢を描いた

しかし夢は夢だったので
現実
ローン
年数
そんな物件は
ない
立地
予算
自分たちに合った
建売物件に決めた

猫と引っ越し②

動物病院も遠くなるので転院することに

かかりつけ病院は駆け込める距離にあったほうが良いと思っている

実は引っ越すことになりまして

この病院にお世話になる予定です

ああこの先生なら安心ですよ!

偶然にもここにつながりがあったので話が早かった

かかりつけ病院

引っ越し先の病院

カルテ送っておきます

ありがとうございます

…そうですか引っ越し…

うちにはもう来なくなっちゃうんですね…

寂

シノさん推し

何かあったらよろしくお願いします!

猫と引っ越し③

地元の引っ越し業者の人に見積もりに来てもらう

お願ぃしまーす

ガチャリ

それではこちらの部屋から

見させてもらぃますね えッ!?

ネコチャンダッ!!!

あっ 猫好きのリアクションだ

よかった

たねおと業者さんは通じ合った

嫉妬

ぴぃぴ

めっちゃキレィっすね! かわいい!

かわいいですよね!!

猫が褒められると嬉しい

猫と引っ越し④

卵山家メモ
トンちゃんはテンパると
たねおには八つ当たりするので
ぷ
ポカス
お客さんが来るときは
なるべく別部屋にする

次はこちらの部屋
失礼しま ウワ――ッ!
2匹ネコチャン!!!

トンちゃん
愛想良くして
くれるかな
お客さんは
オヤツを
くれる…
こんにちわ～

つーん
……
卵山家メモ②
トンちゃんは満腹だと
お客さんにも塩対応

猫と引っ越し⑤

お荷物の量
見せてもらったので
見積もりを出しますね
じゃあ
ちょっと
座りましょう
どうぞ
こちらに

ぷぷー
……
……

あの茶色い猫ちゃんの
部屋でお話ししても
いいでしょうか…？
茶色い
猫ちゃん
いいですよー
たねおは
お客さん人気ナンバーワン

猫と引っ越し⑥

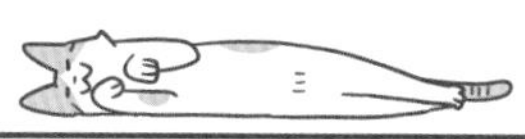

ウフフ…
お値段はこれくらいになります
相場よりお安い

もうちょっとだけオマケしてもらえないですかね
ダメ元でお願い

うーん
あっ見てください
猫もお願いしています

ぐねぐねお
なんか気分が上がったたねお
エーッオネガイシテルノォ!?

…でもまぁこの時期にしては十分お安いと思うんで…
これ以下はちょっと難しいっす
すみません
すん
仕事キッチリしてた

猫と引っ越し⑦

引っ越し当日

引っ越し作業は玄関を開放するので

猫はケージに入れて！

絶対の絶対に開けない！

脱走防止

ケージ↘

屈強な引っ越し屋さんたち

おじゃましまーす

いよいよ引っ越し作業開始！

と同時にケージ内でトンちゃんがウンチ！

プリ

プリ

プリ

プリ

ケージは絶対の絶対に開けられない

プーン

…みなさんすみません

大丈夫っす!!

臭かったけど無事に引っ越しできました

臭かったけど。

猫と引っ越し⑧

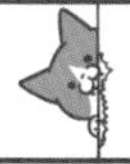

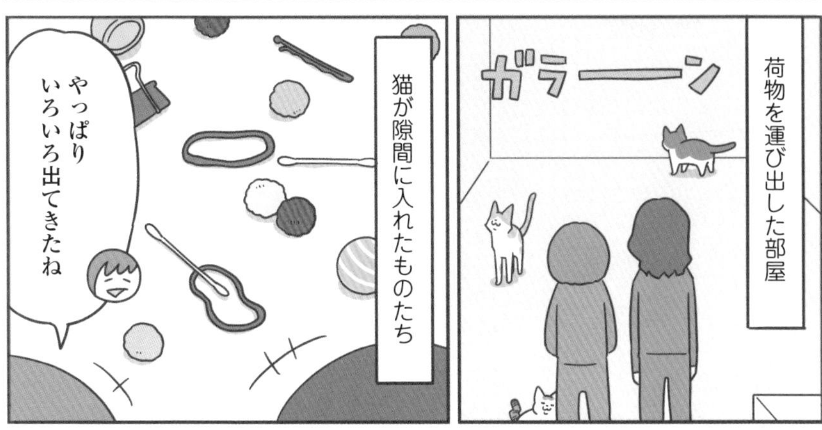

他にも!! 引っ越しで出てきたもの

カーテン裏
猫のスリスリ汚れ

テレビ裏
猫が人知れず吐いた毛玉
カッピカピ…

これもカーテン裏
猫がこっそりかじっていた壁

猫がおおっぴらにかじっていた扉

…ほんと
いろいろ出てきたね…

原状回復
どれくらい
かかるかね…

ね…

いつにも増して丸いトンちゃん

引越し当日、緊張気味のシノ&たね

新居は窓から外がよく見えます

引越し準備中。箱の山にウキウキする猫たち

2匹で新しい家を探索するトンシノ

シノさんはよく舌をしまい忘れている

長い手足が渋滞するたねお

階段はいい運動になっていそうです

人がいる部屋に集まってきます

飼い主がお風呂から戻るのを
待ってるトンシノ

ウーちゃんを観察するシノさん

猫と新居①

新居に荷物を
運び入れたあとに
留守番
新居
ひっこし
マッスル

猫たちとウーちゃんを
新居に移動させて
にゃーっ
無事に引っ越し
完了!!

猫たちが新居に早く馴染むように
なるべくニオイをキープしてみました
猫トイレの
砂を持ってくる
毛とかそのまま
付けておく
も…
布団や布類は
洗わない
あと飼い主が
落ち着いてみせる
(内心はソワソワ
している)

猫と新居②

できるだけ工夫はしたけど…
ようこそ新しい家ですよ

ソロ… ソロリ…

テレビ裏に隠れる
オド オド オド
カサ
カサ
オド
やっぱり知らない場所は怖いよね

景気づけに遊ぼうか
ね!!

ふり ふり ふり ふり ふり ふり ふり ふり

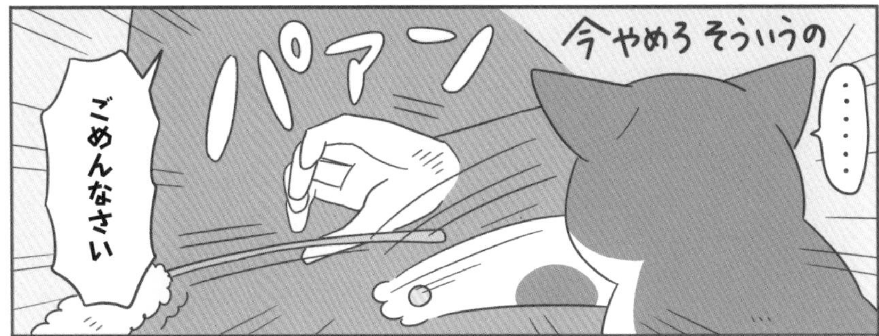
今やめろ そういうの
……
パアーン
ごめんなさい

猫と新居③

前の家にはなかったもの

KAI DAN
階段

3匹は階段初めてなんじゃないかな

上れる？

トンちゃん階段チャレンジ

ストトトトトト

すんなり上った

さすが動けるポッチャリ

うごポチャ

………

下りは怖い

怖いかー!!

でもすぐ慣れてました

猫と新居④

シノさん階段チャレンジ
……

モチ…
モチ…
モチ…

……

モチ　モチ
モチ…
慎重に上っていったね
モチモチと
下りるとき大丈夫かね

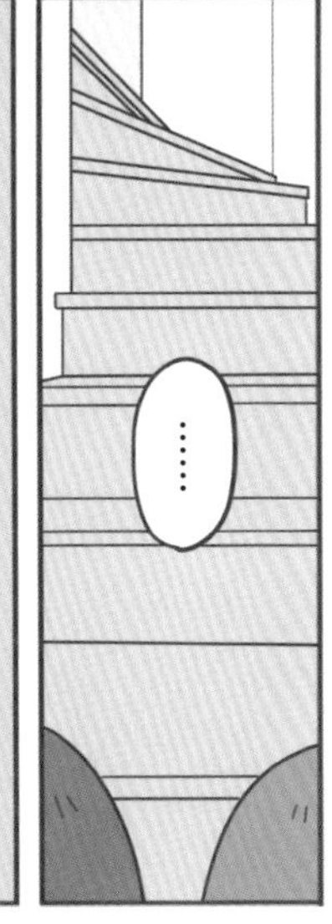

……

シノさんはそのまま3階のクローゼットに籠って
……
シノさーん？
2日降りてきませんでした
家に慣れてからは普通に上り下りしてます

猫と新居⑤

たねおは
階段チャレンジ初回で
足を踏み外してしまった
ズタタタン
たねおーーッ

狭くなってる
ここで踏み外し
ちゃったんだね
初回だとちょっと
見えにくかったのかな

たねおは俺が…
俺がだっこして
上り下りする…!!
KAHOGO
ゴロゴロ
賢いから慣れれば
大丈夫だよう
そんなヒマじゃないだろう
その後は普通に
階段使えています
狭い所は通らないようにしてる。
賢い

猫と新居⑥

猫たちが新しい環境に慣れるまで
トンちゃんは
家中のクローゼットを
腕力でこじ開けて
バァン
バァン
そのまま籠っていましたが
水とフードを
供えておいた
完食。

翌日には
リビングの真ん中で
お腹出して寝ていた
さすがボス
…あっ違う

トンちゃん名物
「リラックスしてると見せかけて
ほんとは緊張してるやつ」だ
ギリギリ平静保ち顔
ほんとだ
しばらく緊張してた

猫と新居⑦

一番ビビりのシノさん

やはり初日から
クローゼットに籠って
私が開けました

夜間にずっと文句を
言っていましたが
迎えに行くと逃げる
にゃあああああ
うおおおおお
にゃおおおん

にん…
引っ越し2日目の夜に
寂しくなったようで

文句を言いながら布団に入ってきて
にゃあ
にゃい
やいやい

翌朝から普通に
過ごすようになりました
意外と
早く
慣れたね
にゃ

猫と新居⑧

当日から平気な顔をしていたのは最年少たねお

オド

オド

施設育ちで環境の変化に慣れているのか

元々の性格なのか

初日にちょっと興奮したくらいで

私はコップを割りました

パリーン

あとは平常

ごはんも完食

ここがトイレですね

了解了解

この順応性憧れるわー

ちなみにウーちゃんも平常…というか、引っ越しとか気づいてなかったと思う

ボー

猫と新居⑨

引っ越し3日目以降は
どんどん家を探索して
走り回る猫たち

ドタ

ドタ

マンション時代は騒音とか
いつも心配だったな…

カーペットの下に
防音マット

ガロガロガロガロ

うるさい
オモチャは
使えない

特に響くのがトンちゃんの
空腹アピールジャンプ

ダアン

ダアン

やめて
下の階に
響く

もはや脅迫

一軒家だと気が楽

跳んでカロリーを
消費するといい…

「オヤツを出せ」の

ダアン

賢いトンちゃんは数日で理解

跳んでも
食べものが
もらえない

今ではほとんど
跳ばなくなりました

はや〜〜ん

前より
鳴くようになった

ほんとに脅迫目的で
跳んでたんだ…

こわ…

猫と新居⑩

こんな感じで猫は
意外とすんなり
新居になじんでくれた
体調崩すとか
トイレを失敗するとかも
なかったです！
よかった!!

階段もいい運動に
なっていいそうです

ちなみに私は
階段の上り下りだけで
3日くらい筋肉痛に
なりました
運動不足
なら
誰にも負けない

あとは壁をいつまで
守れるかですな
前の家より爪とぎ
しやすそうな
壁紙ですからな

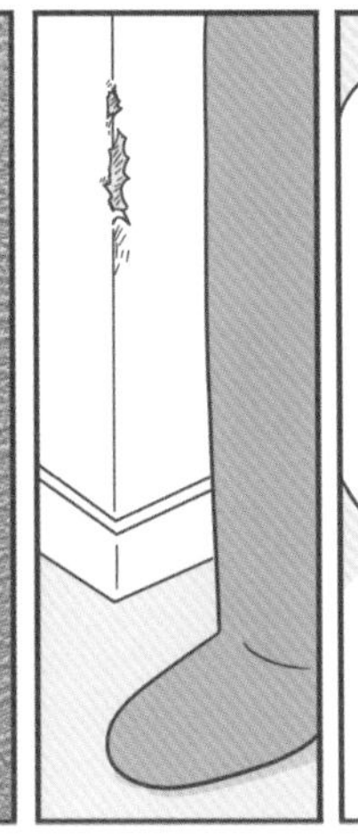

がんばれ壁紙！

うちの猫がまた変なことしてる。7

第2章

猫と四季

いつの間にか夏

最近トンちゃんがキッチンカウンターに乗る

ドキリ

そこは乗ったらダメ

何回注意しても乗る…
5月頃から…

キッチンカウンターがひんやりしてて気持ちいいからか！

冷房をつけるほどではない暑さ

暑がり

ひんやり…

人工大理石のカウンター

ごめんトンちゃん暑かったんだね
※ひんやりプレート出しておいたからね

※ひんやりするペット用ベッド

それを無視してキッチンカウンターに乗る

なんでよ

台風の影響

なんでか わからないけど
台風前夜は猫が荒ぶる

ビュゥ…
ビュゥ…

特に
この2匹

ポカ
スカ

いつものように
ケンカを止めに入る
ボス・トンちゃん

ムキーーッ

やめい
やめい

しかしこの日のシノさんは
いつもより多めに荒ぶっていた

シャーーッ

…

ビュオオオオ

なんか…
台風そのものより
前夜のほうが大変…

「なんとかしろ」

何か不満があるととりあえず飼い主にクレームを入れてきます

花粉症の飼い主。
猫をだっこしているときに
くしゃみすると文句を言われる

夏

暑いはずなのに
くっついてきて
嬉しいんだけど
やはり暑い

怖がり

夫が珍しく床の上に寝ころんだときも

床暖房あったかい

トンちゃんは基本小心者ですが、ビビるポイントはいまだによく分かりません

弱飼い主

着替えの隙にシノさんに服をとられた
すやり
返してよー
さむいよー

ありがとね
ニコ
とてもあったかいです

うほほ…

こんないい顔で寝られたら
何も言えない…
カシャー
カシャー

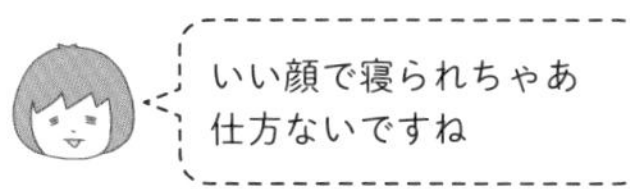
いい顔で寝られちゃあ
仕方ないですね

違う服 着たら着たで
次そっちの服入りたい
それはさすがにひどいぞ

地震と猫①

ぐら…
…地震？
ぐら
ぐら
ぐら
わっ
けっこう大きい

ちゃぷ
ちゃぷ
ちゃぷ
ちゃぷ
ウーちゃんが荒波に揉まれている

近くで寝てたたねお
すやぷ
熟睡

同じく寝てたシノさん
……
やめろ揺らすのやめろ今すぐやめろ
冤罪

地震と猫②

ぐら

トンちゃんは寝室で寝てるかな

水槽が落ちないようおさえる

ぐら

来た

怖い

ぐら

ぐら

ぐら

ぐら

ぐら

ぐら

ぴたり

絶対に!! 守る!!!!

ギューン

非常時も猫は愛しい

シノサンタとトンナカイ

タウロスロス

再会のクリスマスイヴ

シノサンタの世界

あったかいスリッパや
カーディガンを出すと
猫に奪われがち

年末年始も関係なく
一年中ゴロゴロ　ゴロゴロ

ブログとかで描いた落書きなど。①

うちの猫がまた変なことしてる。7

第3章

猫とモノ

守りたいその寝顔

トンちゃんが気に入ってる箱で眠るシノさん

……

を　見つめるトンちゃん

nyamazon

にゃう

にゃ

どうした

かんわゆ

すや

すや

トンちゃんはこの箱で寝たいので…

チラ

チラ

チラ

こいつをどかせ

やだよ

鬼か

結局どかしていた

鬼である

ドゥクシ

ドゥクシ

にゃっ

nyamazon

その箱は
私のために
争わないで

やっと取り戻した…

「奪われた側」みたいな顔をしているけど
はー
やれやれ

元々この箱はたねおのお気に入り
nyamazon

をトンちゃんが奪ったものである
ドゥン
見てたよ…
nyamazon

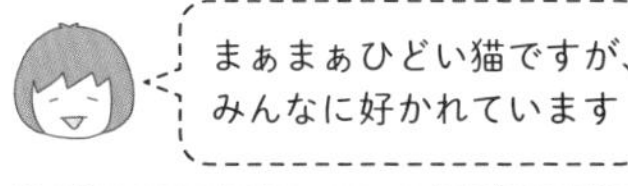
まぁまぁひどい猫ですが、
みんなに好かれています

ひんやりは許される

やけどした
熱
ジュ～

保冷剤で冷やす
痛いのでしょんぼりしている
おっ

昼寝ですか
ご一緒しますぞ
あっ そこ冷たいよ…

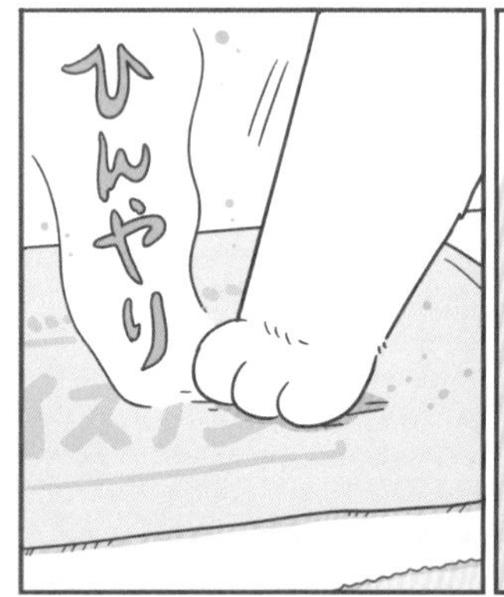
ひんやり

そんなに驚くとは

なん…冷た…
やだ…

やだ～…
そんなに引かれるとは

グチャリスト

猫ベッド
毛布を敷いている

ほり…
ほり…
ベッドメイキングしている

ほり ほり ほり
ほり
ほり
ほり ほり
ぐっしゃ
ぐしゃ
ぐしゃ ぐしゃ
メイキング…？
ブレイキング？

ぐるぐるぐる
ぐる ぐる
ぐる
ぐる
やっと寝るかな

寝ない
一連の作業なんだったの…

かわかわ

しょっちゅう目薬が必要になる たねお
また涙が出るようになってしまった

だっこして目薬をさす
ぴぴー
ごめんねぇ

目薬ポチ
すると手がパァ↗ってなる

パァって!!!
かわいい
目薬さされてかわいそう
感情が混線する

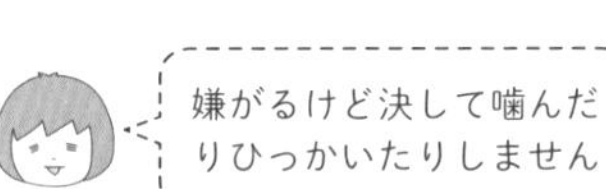
嫌がるけど決して噛んだりひっかいたりしません

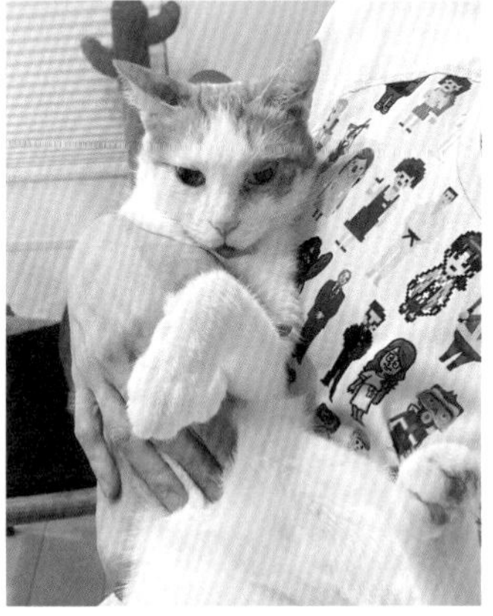

ガードする姿もまた
かわいそかわいい

確認

猫は
床に何か置いてあると

とりあえず乗る
乗り
乗り

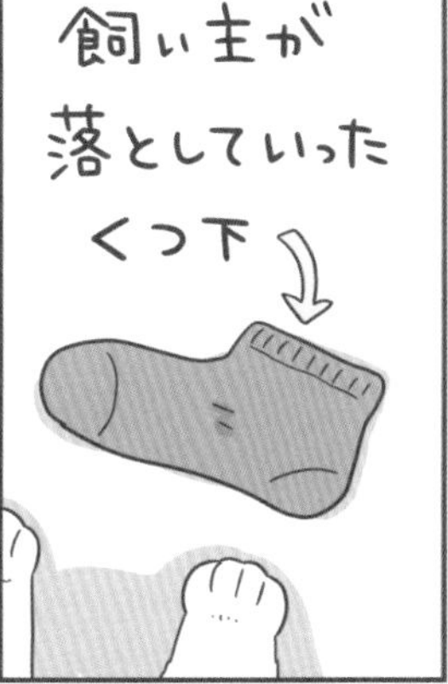
飼い主が
落としていった
くつ下

……
乗り…

もそ
もそ
もそ
もそ
もそ

小ちゃいな
これ…
もそ
返して
それは乗らなくても
わかるのでは?
もそ

ぜんぶ持ってく

最近買ったゲルクッション
卵を置いて上から座っても割れないらしいけど
怖いからやらない
座り心地がとても良い
ということは寝心地も良いようで
カバー付き

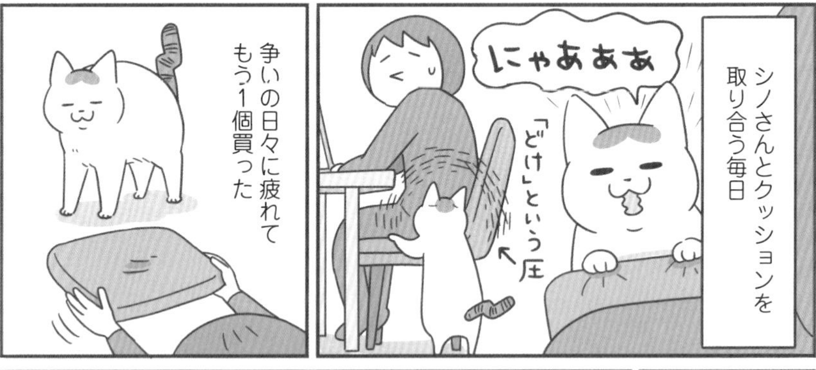

シノさんとクッションを取り合う毎日
にゃあああ
「どけ」という圧
争いの日々に疲れてもう1個買った

これで解決ね
……
そっちので寝る!!
にぃいいいん
予想はしてた

ピッチン

就寝中

ピッチン

痛て
?

シノさん

髪結ぶゴム

ピ…

チン

痛て

なん…
何してるの…

ビク

?

にゃあああああ

にゃあああああ
じゃないよ

ピッチン

続行すな

保守派トンちゃん

猫用の水飲み器を買った

モーター内蔵で
水が噴水みたいに
湧き出てくる

シノさんとたねおには大好評

おいしい!!

楽しい!!

トンちゃんだけは
気に入らないらしく

……

ずっと顔面で
文句を言っていた

なんかなんか

あれ
やだなー

ツルツル
してて
やだなー

怖いなー

どっかやって
ほしいなー

やだな

……

保守派トンちゃん②

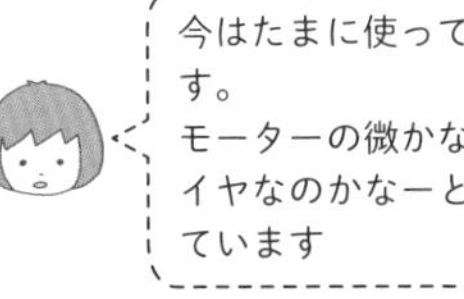

今はたまに使ってくれます。
モーターの微かな振動がイヤなのかなーと考察しています

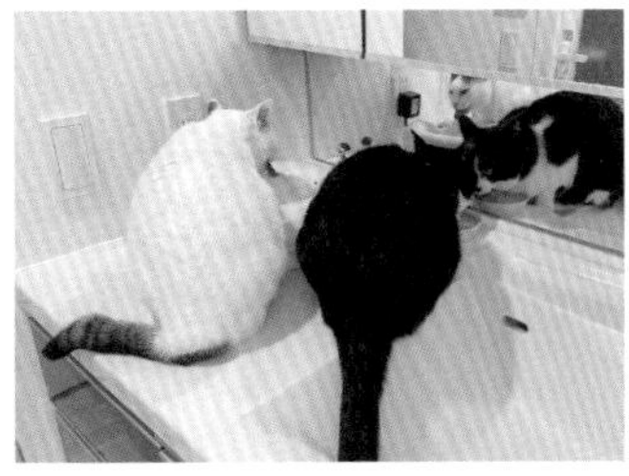

卵山家で使われている
ねこぞうご
猫造語
トンちゃん編
【チャマる】
トンちゃん（愛称トンチャマ）がボーっとしている、またはかわいい顔でこちらを見ている様。いつもどおりであること。
用例
「トンちゃんは？」
「さっき廊下でチャマってたよ」
【オニギリの形相】
トンちゃんの味わい深い表情のひとつ。
顔が重力にもっていかれている

第4章 猫とゴハン

ごちそうさまシャウト

たねおは いつも
トンシノと別々の部屋で
ごはんを食べる

ごゆっくり

食事中のトンちゃんに
ちょっかいを出して
もめるのだ

ヘイヘイヘイ

ムー

そして食べた後
大声で鳴いて知らせる

にゃおおん

食べおわりました

開けて

はーーい

おわー

たまに人が部屋にいても

もぐもぐ

むーーふ

とりあえず大声で知らせる

食べました

おあーー!!

食べおわりましたよぉぉ

おわわーーーん

わかった

うん
わかった

ですよね

カーペットの上で仮眠する飼い主
10分だけ…
ちょん
ちょん

トンちゃん
じっ
心配してくれてるのかな

優しい子…
私は大丈夫
……
ぺい
あっ

ストトトト
ごはん ない
ごはん たべる
ごはん
チラ
チラ
チラ
チラ
ごはんの催促だった

愛くるしい

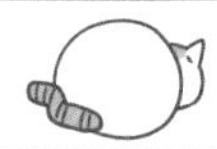

にーやー
あぁー
にゃあーあー
うぃーあー

お腹へったのかな

はいはい
おやつです

よ…

なでなで待ちのかまえ

おやつ

シノさんは食べ物がほしいんじゃなくて

なでなでしてほしかったんだ

ゴロゴロ
ゴロゴロ

なでなでします

※おやつはトンちゃんがおいしくいただきました

ムシャ
ムシャムシャ
ムシャ
ムシャ

好かれたい

たねおからの好感度は日によって上下する感じです

ダブルスタンダード

たねおは食が細い
そして
フードの味には
うるさい男

ごちそうさま――
遊ぼ――
気分が乗らないと すぐ
食べるのをやめてしまう

もっと食べてよ
痩せちゃうよ
いらない

トンちゃんが
食べましょうか？
ポッチャリ…
君はもう食べなくていい

ほら もうちょっと
食べて食べて
プーイ
食べましょうか…？
ポチャモチリ…
食べるな食べるな

ブログとかで描いた落書きなど。②

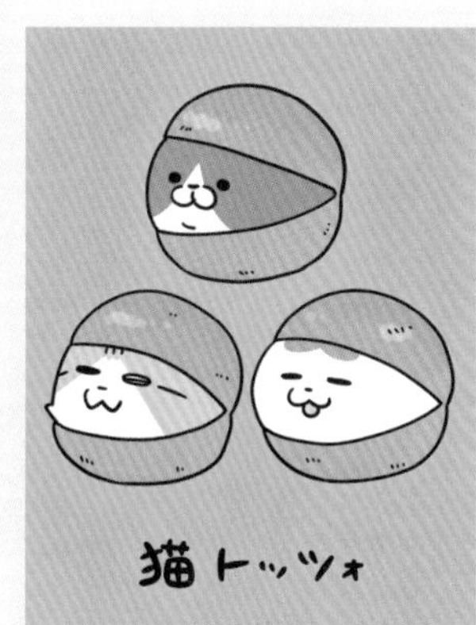

食べないけど

２匹とも年々好き嫌いは減っていますが、たまにゴネます

栄養満点

たねおは偏食&少食

味にうるさい上にすぐ飽きる

ウェットフードは好き

カリカリはあんまり

たねお好みのカリカリを日々探しているんだけど

素材が良くて栄養があっておいしいやつ…

たねおちゃん新しいやつ食べてみてよ

いつものフードに少し混ぜる→

くん

くん

………

ぴぎゅる

いらない!!

せめてひと口

なかなか気に入ってくれない

その残ったカリカリを食べているトンシノが

食べてー

おっ新作ですな

わあい

順調にツヤツヤのフサフサになっている

かわいそうなトンちゃん

卵山家で使われている
猫造語（ねこぞうご）
シノさん編
【ヘイヘイ】
シノさんが特に用はないけどハイテンションで絡んでくる現象。
ヘイ
ヘイ
ヘイ
ヘイ
ヘイ
ヘイ
用例
「今日はヘイヘイしているね」
「10時間くらい寝てたからね」
【取り調べ】
毎日夕飯がお刺身かどうか食卓をチェックしに来る様子。お刺身の場合はもらえるまで厳しく追求してくる。
しょうゆ

7 うちの猫がまた変なことしてる。

第5章 猫のお世話

来ない＆来る

たねおに目薬をさしたい

たねちゃん
おいでおいで
たねちゃん ほら

はーい!!

シノさんじゃないのよ
目薬したら怒るでしょ…

目薬するんでしょ…

バレてるねぇ 賢いねぇ

すぐ終わるから
ちょっと来てよー

やだもん

来てますよ

来たので
なでなで
してください

……

たねちゃん…

あの…

なでなでなでなで
なでなでなでなで

来てもらいたい
猫に限って
ぜんぜん来ない

つーーん

来る

目薬をさされるから
呼ばれても行きたくないけど

おいで　おいで

たねちゃん
おいで

ここで行かなくても
結局ふん捕まえられて
目薬をさされるのだ

どこまでも追ってくる
妖怪メグスリ

やーーん

たねおは長年の経験から
わかっているので

最終的には自分から
寄ってきてくれる

……

おりこう

天才

賢いたねおが
尊くてかわいくて
少し悲しい

ごめんねー

条件反射

猫は多分
簡単な人間語は覚えている

写真撮ろうかと思ったけど思いとどまった

ちょうどいい箱

ややっ これは
ちょうどいい箱

こまごましたものを
しまっておこう※

※主に謎の部品たち

捨てる勇気がない

ややっ これは
ちょうどいい箱

ズバボン

ちょっとぉ

どうも
ありがとう

……うん……

ちょうどいい箱は
猫の寝床にも
ちょうどいいのだった

だっことシノさん

だっこ好きなシノさん
だっこされるまで鳴く
ニャアアアア
そろそろ降りてよ
イヤ

歳を重ねるごとに
その　だっこ愛は強まり

ゴロプル…
プル…
プーール…

今では爪切り中でさえ
至福の表情
ゴロプル…
ゴロプル…
ペロ
ペロ

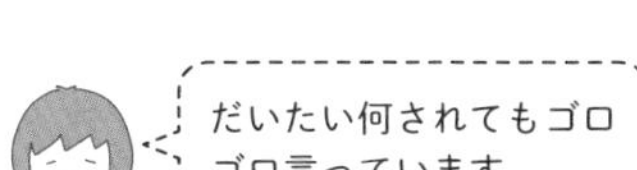
だいたい何されてもゴロゴロ言っています

昔は普通に
爪切り嫌いだった
にぇん…
にぇーぇ

換気大事

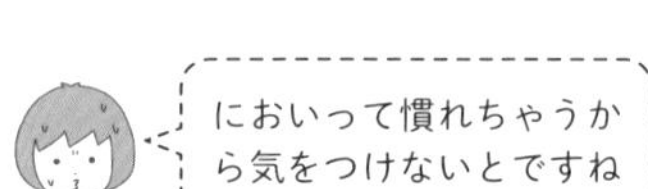

意外とトイレ用のスコップにくっついてたりするよね

お魚ぬいぐるみとパンチのある寝顔

トンちゃんはよくこの顔でフリーズしている。

トンちゃんが変なことしてる。

よくわからない寝相で
ボーッとしている

パンチのある寝顔２

爪切りされて顔面で抗議

乗ってはいけないところに乗ってみる

床に落ちてるものにはとりあえず乗る

水飲み器を警戒するトンちゃん

猫の留守番①

ペットシッター

家を3日空けることになったのでペットシッターを頼んだ
うちの場合ペットホテルよりはストレス少ないかな…
はじめましてー
シッターさん
お願いします
ホッ…
めちゃくちゃ感じのいい方だ

初見からなつきまくるたねお
まぁかわいい
感じのいい人だ!!
ここで寝ます!!
シッターさんの上着
ほりほり
やめなさいすみません
大丈夫ですよ

うふふ
たねおは本当に人間が好きなんだな
キャッキャッ
…私って唯一たねおに好かれてない人間なのでは?
悲しい気づき

猫の留守番②

3匹をシッターさんに託して外出
猫たち元気かな

ティロン
おはようございます
トイレはウンチ1カ所、おしっこ2カ所使っていました
あっ
シッターさんが猫の様子送ってきてくれた

トンちゃんは隠れていましたが

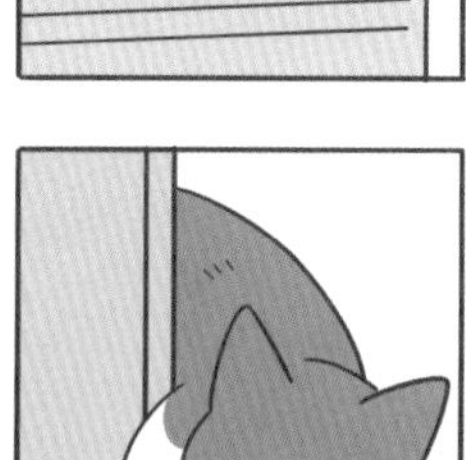

オヤツを手から食べてくれました

オヤツもらう前と後の顔の違いわかりやすいな…
BEFORE
いい人なのでは…？
AFTER
チョロトンちゃん

猫の留守番③

シッターさんからの報告

シノさんは物陰からこちらを伺っています

ティロン

あっシノさん出てきたんだ…

ホッ…

なんかいつもより顔長くない⁉

ニョーン!!!

新発見：シノさんは緊張すると顔が長くなる

猫の留守番④

3日目　飼い主帰宅
ただいまー…
……

飼い主か!?
にえっ
…おん？
知らない人…？

どこ行ってたんじゃワレ!!!
にえーーッ
絶叫の再会である
ごめんね
トンちゃんとたねおは普通に寝てた
すやすや
nyamazon

たねおのジレンマ

すたっ

すた すたすた す
爪切り

ちゃー
なでていいよ

最近たねおがなでさせてくれる
やったー
ははは
ゴロ
ゴロ
なでなでは好きなのだ

爪切り
目薬
は…

でもまだ私のことはあまり好きじゃないのだ
……
ゴロ…
ジロリ…
複雑な顔
ジロリ…
ゴロ…
ゴロ…

シノ耳

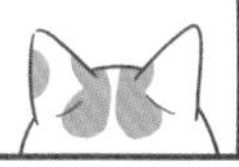

なで
なで
なで
なで
ゴロプス…
ゴロプス…
なで
なで

やたらと耳の中を触らせようとしてくる
くりっ
もすっ…
やめてばっちい

耳かゆいのかな?
ティッシュで拭いてみる

やめてよ!!!
なんでなの
にえええええ
ドルルルルルル

猫の正解って難しい

でも その後
ちょっと サッパリ
したような顔してた

読めない

トンちゃんをなでなで

うほほほほほ

はははは

中断してみる

ぱ

ちら

そわ

ぷ…

そわ

ちら

再開

わしゃ

わしゃ

うほほほほ

わしゃ

中断

そわ…

ちら

そわ…

ぱ

なでなで好きだなーッ!

わしゃ

わしゃ

わしゃー

急に

ヤ

もういいい

卵山家で使われている
ねこぞうご
猫造語
たねお編
【ウォウ】
たねおが何かを要求するときや寂しくて誰かに来てほしいときに発する野太い鳴き声を表す。
ウォオオウ
用例
「早朝のウォウで寝不足だ」
【耳あつ】
たくさん遊んだ後や眠いときに耳が熱くなっている様子。鼻も赤くなってかわいい。

うちの猫が また変なことしてる。

第6章

なごむ猫ぐらし

本猫よりも

知らないうちに
背後にいたシノさんの
しっぽを踏んでしまった

わっ

びゃん

うわーーッ　ごめん!
ごめんよシノさん

しっぽ大丈夫!?

駆けつけるトンちゃん

寝てた↓

ふう…

ふぅ…

なぜかシノさんより
怒っているトンちゃん

おまえ…

おまえ…ッ

ごめんなさい…

本猫よりも②

飼い主の無礼に関して
あっ
びゃん
しっぽ踏み

ごめんね
ごめんね
……

シノさんは仏のように
あっさり許してくれる
……
ゴロプス…
ゴロプス…

そしてシノさんより
引きずるトンちゃん
おまえ…!!
ごめんなさい

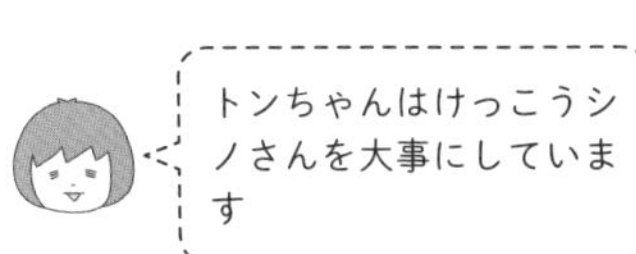

トンちゃんはけっこうシノさんを大事にしています

トンちゃんの
機嫌も
とる。
おまえ…

寝る前の攻防

足の間とか脇のところとか、挟まりたがりますよね

私の膝あいてますよ

夫 今日まだ昼ごはん
食べてないな

ハッピーターン食べる?
忙しい?
大丈夫?
忙しくは
ないんだけど…
ハッピーターン食べる

たねおが膝に乗って
どいてくれなくてさー…
コマッタナアー

なるほどそれで
動けなかったのかー…

仲良しでなにより
ボリャン
妬ましい
ハッピーターンくれるんじゃないの!?

目測

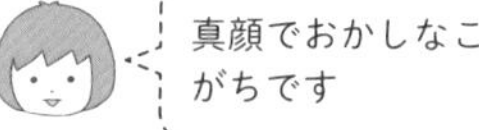

真顔でおかしなことをしがちです

この窓から 外を
眺めるのが 好きらしい

お仕事ルーティン

夫はリモートで仕事をしている
さて 仕事するか

夫
デスク

＝だっこタイム

ここまでセット
さて だっこして もらおうか

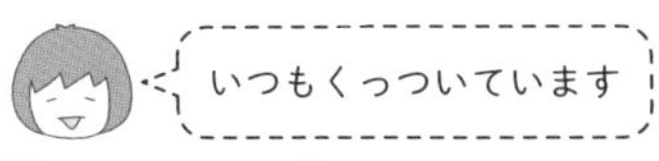
いつもくっついています

いいなぁー…

ストッパーズ

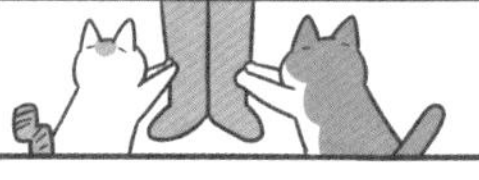

就寝時
スー
プー
スノ
猫が添い寝してくれるのは嬉しいんだけど
身動きがとれない…
しかもななめ
ピタリ…

トンちゃんを慎重に押して移動させて
ぐい
ぐい
スペース確保

そのスペースにシノさんが詰めてくる
スサッ
何その連携

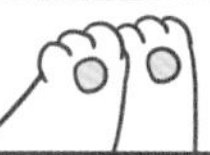

ぐいぐい

深夜
ぐっ

トンちゃんが足をぐいぐいしている
ぐいーー
私に触れながら寝たいのかな
かわいいやつめ…

……
ぐい
ぐい
ぐい
ぐい
……

ぐい
ぐい
あっ 違うなこれ
「邪魔だからどけ」って意味のぐいぐいだな

耐えた

「ちょっと失礼、ウンチ片付けますね」って言えない

寝てる説

トンちゃんは
よくボーっとしている
ボーーー

ボェーーー
さすがに…
目開けて寝てるって
ことはないよね…
トンちゃん
ちょん

ビクァ

びっくりした
お前か…
びっくりした
もぉーー…
ごめん
寝てるかもしれない

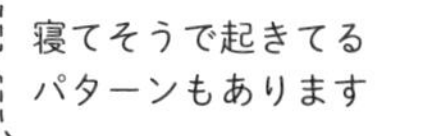
寝てそうで起きてる
パターンもあります

何か アップデート
してるのか…？
インストール中…
あと 15分

ネコ顕示欲

リモートで打ち合わせ中
…
…

猫が乱入してきた
あらあら
にゃっ

かわいいですね
かわいいー
優しい
でへへ
すみません

シノちゃーん
かわいいー

ふる
もっと
ホメてくれ
ふる

枕元のブープ

トンちゃんが突然
枕元で寝るようになった
ドッカ
いつもは もうちょっと
足元のほうで寝る

嬉しい…！
嬉しいけど

ブープ
プ…
ブープ…

ブー…
パワフルな
いびきが
耳元に…
ブープ…
プ
ブプ

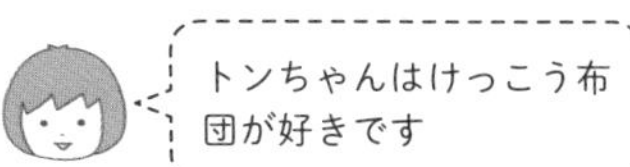
トンちゃんはけっこう布
団が好きです

普通に目覚める
音量
ブープ…？
ブープ
ブープ

猫ならば

深夜
ゴロ…
ゴロ…
ズシ…
ゴロ…
ゴロ…
ああシノさんが布団に乗ってきたのか
ふと怖いことを考える
これぜんぜん知らない猫だったらどうしよう
ゴロ…
ゴロ…
わー 知らない猫ちゃん
知らない猫ちゃんでした――
べつに まぁ…
いっか!
ゴロゴロ
ふつうにシノさんでした
当たり前だ

だっこされて大満足の顔

ごはん準備中。直立して待つ

寒くなると
現れる
シノ虫

お刺身刑事

愛くるしい頭頂部

「お刺身ですねぇ」

食事中もだっこ。とても食べにくい

若い頃に比べて遊び方が
省エネになってきた

猫むかしばなし

とんちめんどい

このはしわたるべからず

猫童話
シノ雪姫
KAGAMI
鏡よ鏡
世界一かわいいものを
見せておくれ
シノ雪姫です
見たーい
すごい
カメラ目線
なんだけど
じっ…
え　あっちからも
見えてるのこれ？
だとしたら
気まずいよ
見えてないですよ
絶対見えてるじゃん
通話もしてるじゃん

シノ雪姫と女王と

女王はシノ雪姫に会いに行きました
かわいい…

おやつ食べる？
まさか毒を…？
入ってないよ

かわいく食べてるとこ動画撮るんだよ
女王はただの猫好きでした

オヤツ？
オヤツ…
オヤツ…
ガサ
ガサ
なんか来た
7人の小びトンです

個性

7人の小びトンはそれぞれ性格が違うんだよ
そうなんだ
こちらは「ねぼすけ」

「ごろごろ」
「食いしん坊」
「早寝」
「ぐっすり」
「ねんねちゃん」
ほぼ寝てない？

そして「†漆黒の竜騎士†ブラックドラゴンナイト」
Black Dragon Knight
どうしたの急に

あと「おさぼり」
8人いる
シノ雪姫たちはこんな調子で幸せに暮らしました

うちの猫がまた変なことしてる。7

第7章
猫と健康

トンちゃんの抜歯①

ある日

ヘム ヘム

ヘム

トンちゃんが口を
ヘムヘムしている

下の牙が
グラグラになっていた

ななめに
傾いてる

わーーーー

あわてて病院に
電話したら休診日

今日は
お休みなんです…

ああっ
そうでしたか

なんかこういうタイミング多い!!

ヘム

ヘム

獣医師さん

うちは明日の朝から
開いていますが――

痛そうで元気がなかったり

ドゥン

食欲がないようでしたら
すぐ連れて来てください

ボリ ボリ

ボリ ボリ

歯グラグラ以外
いつもどおり

明日の朝で
大丈夫そうです

トンちゃんの抜歯②

麻酔が必要な場合に備えて
今日は夜22時以降
食べさせないでください

麻酔はなるべく避けたいですが

わかりました

トンちゃんは毎晩
12時ごろに夜食を食べる

夜食なかったら
怒るかなー…

ズダーーン

ズダーーン

ヘム
ヘム

夜

そろそろ
お夜食を…

今日は
もう寝よう
トンちゃん

は?

こいつ…
お夜食を
忘れている…?

お忘れですよ
ほら

これ
この…

ねっ

一生懸命ジェスチャーで
伝えようとしている

ごめん…

トンちゃんの抜歯③

今日はお夜食をもらえない

トンちゃんは意外とすぐに理解した様子

すまぬ

寝室

一緒に寝ようね

うん

トボ…トボ…

トンちゃんは怒らなかったし暴れなかった

……

ただひたすら悲しそうに顔面で圧をかけてきた

じっ…

お夜食…

寝たフリ

トンちゃんの抜歯④

翌朝
お願いします
朝ごはんももらえなかったので絶望している
病院に着いてすぐグラグラの歯は勝手にポロリと抜けたのでした
あっさり
あれ抜けてる

他の歯は問題なかったそうで
今回歯が抜けた原因は〝加齢に伴う歯周炎〟
ボリ
ボリ
ボリ
ボリ
ボリ
帰宅後即ごはん
こんなにムチムチだけどちょっとずつ歳を重ねてるんだな

なるべく長く元気に暮らそうね
ほらもらったお薬をお飲み…

だーーー
ギャルルルルァ

2つの感情

基本ベースが「甘えたい」なので、怒ってもすぐ切り替えてくれます

限定だっこ

病院では私に頼ってくれますが、家ではやっぱり夫がいいようです

帰ったらいつもどおり

「つ」の字になったウーちゃん①

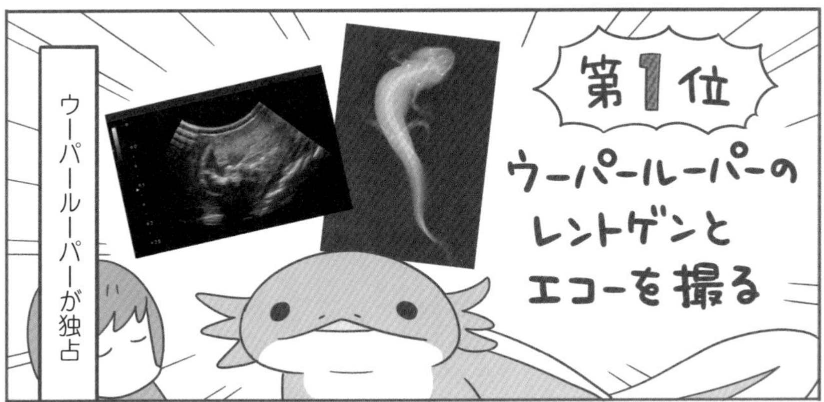

「つ」の字になったウーちゃん②

「つ」の字になったウーちゃん③

「つ」の字になったウーちゃん④

「両生類には痛覚がない」ってどこかで聞いたけど

なるべく毎日注射を打ちに来てください

少なくとも2日に1回

お おう はい！

2週間通ったけどウーちゃんは回復しなかったので

ウーパールーパー 病院

ウーパー 曲がる 治療

ウーパー セカンドオピニオン

別の病院でセカンドオピニオンを受けることにしました

快くカルテや写真をコピーして渡してくれた↓

この病院でできるだけのことはしてもらったのだと思う

「つ」の字になったウーちゃん⑤

【塩浴】飼育水を0.5%の塩水にしてウーパールーパーの細胞と同じくらいの塩分濃度にすることでウーパールーパーが浸透圧調整に使うエネルギーを温存、その分のエネルギーを体の回復に回せるのだ!!最初は0.1%から様子を見つつ徐々に塩分を上げていくよ！塩水の濃度を間違えると最悪死んでしまうので超注意!!

「つ」の字になったウーちゃん⑥

入院・通院と塩浴の末

0.5%…

なにがしかの塩

寄生虫をやっつける薬が効いたようでウーちゃんは少しずつ回復

食べた

パク

マグロのお刺身だけは食べた

約半年後に完全にまっすぐになりました

ウーパーフードも食べるようになったよ

なんで「つ」の字になってたんでしょうか？

腹痛で丸まっていたのかなーと…

痛ててて

痛ててて

なるほど

…がこれも推測の域を出ません

Mysterious wooper

謎多きウーちゃんは多くの謎を残したままなんとか回復したのでした

おわり

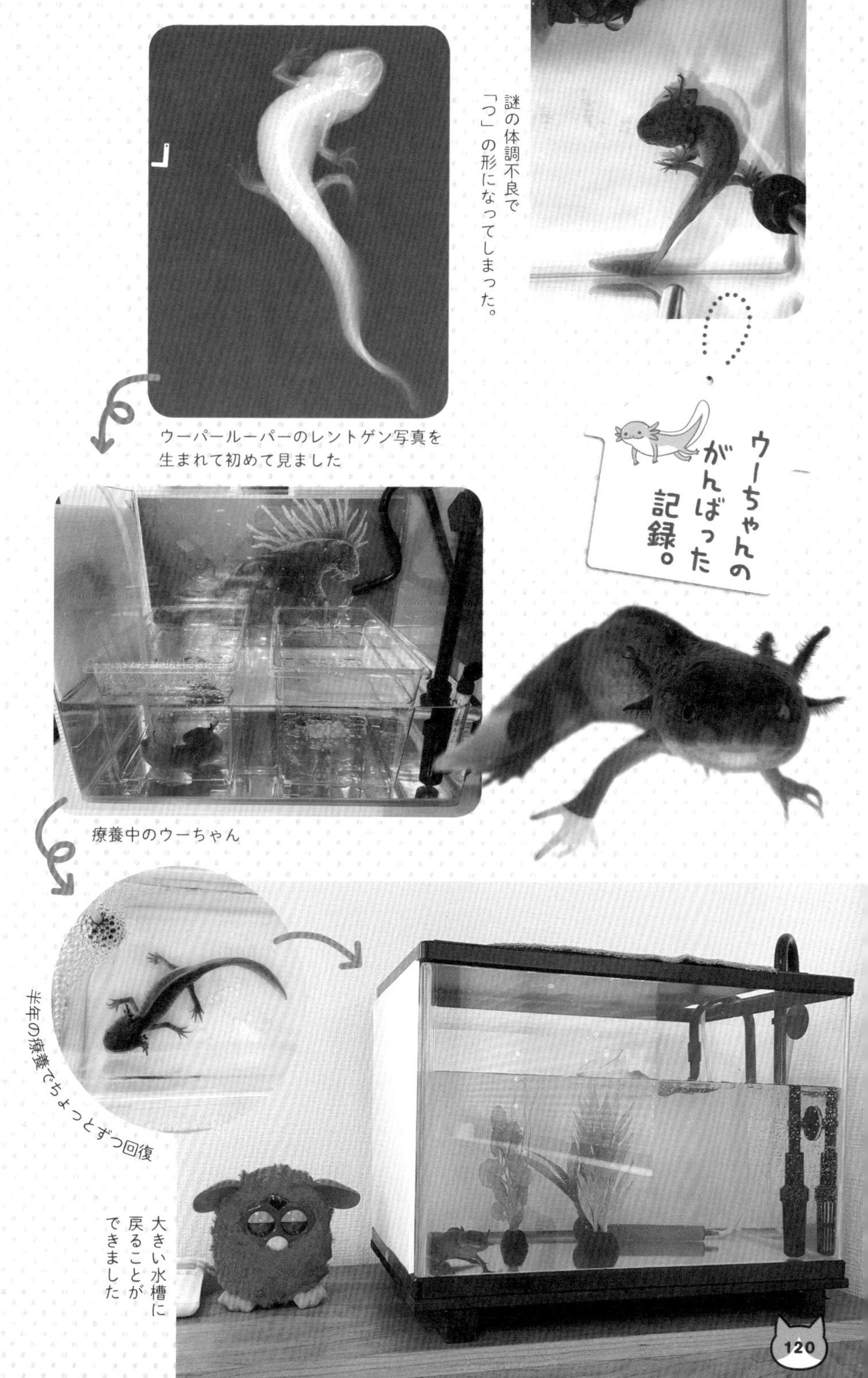

ウーちゃんのがんばった記録。

謎の体調不良で「つ」の形になってしまった。

ウーパールーパーのレントゲン写真を生まれて初めて見ました

療養中のウーちゃん

半年の療養でちょっとずつ回復

大きい水槽に戻ることができました

第8章

猫飼い冥利

トンちゃんの本気

クローゼットの
扉が開いてる…
閉め忘れたかな
閉。
10分後
カリ…
カサ
カサ
カサ
トンちゃんを
閉じ込めてしまっていた
……
ごめんね
トンちゃん
スタタタ
タ
タタ
……
ごめん
トンちゃ…
トン…
つか
つか
つか
つか
トンちゃんを本気で怒らせると
ぷーい
オヤツ
無視される

「かわいい」とは

ふと気になったこと

猫に対して「かわいい」と
思う感情は
猫にもあるのだろうか？

愛情とか友情は
あるように見える…

ペろ
ペろ
ニョホホ

猫も 猫を見て
「なでたーい！」
とか思うのかな？

そもそも
「かわいい」
って何だ？

容姿？

仕草？

遺伝子
とか？

「守りたい」
みたいな
感情？

確かなことは わからないけど

にゃ
にゃぁ

トンちゃんは多分
自分のこと「かわいい」と
認識してると思う

おやつが食べたいときの顔

にゃ
キュルルン

不器用

ただただ立ち尽くしていた

……

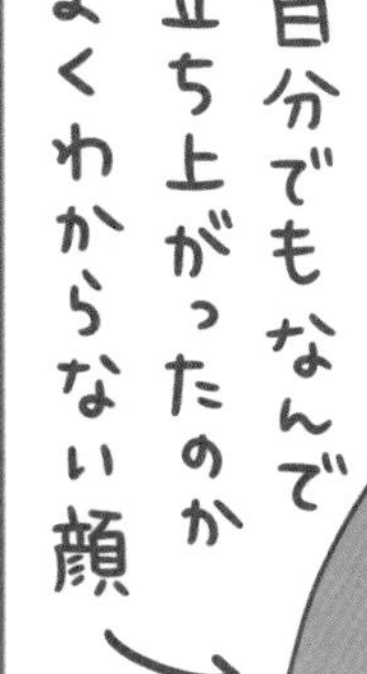

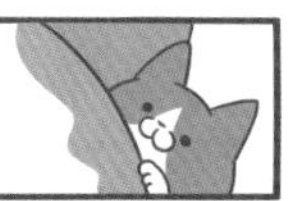

正解は何だったんだろう

主観のシノさん

シノさんはトンちゃんと体格差があるからか
トン 5kg
シノ 4kg
私と夫の中では今でも「小さいシノさん」
同居し始めた頃
そんなシノさんがお客さんに
こそ…
客
大きいね！
って言われるんだけど…小さいよね？
うん
小さいほぼ子猫
トンちゃんが隣にいないと大きく見えるのかもね！
白は膨張色だしね！
もちもち…
「2匹とも大きい説」を認めない飼い主
ごはんつぶちゃん
おちびちゃん

君の名は

毎日「かわいい」と言われ続けてきたトンちゃん

かわいい

かわいい

かわいい

かわいい

かわいい

もう多分「かわいい」は自分の呼称だと思っている

トンちゃんは かわいい…

かわいい は トンちゃん…

先日

シノさんがかわいい

舌しまい忘れシノ

かわいい

キャアアア

フォオオ

カシャー

カシャー

かわいい

ドドドドド

ドドッ

どうもかわいいちゃんです

呼ばれたので来ました

キュル

かわいいちゃんですよ

ゴロゴロゴロゴロ

そうだね君はかわいいちゃんだ

ちがいない

猫の心

猫語翻訳アプリで遊んでみた
猫の鳴き声から気持ちを推測してくれる
にゃーーん
猫トークアプリ
あそぼう！
ごきげんだよ
おなかすいたな
おやつちょうだい
トンちゃんはあまり鳴かないからゴロゴロ音を読み取る
ゴロ…
ゴロ…
ゴロ…

休憩中
リラックスしてる
ゴロゴロしてるよ
一緒に休憩しよう
ずっと休んでいる…
シノさん
ニャ
ニャ
ニャ
ニャ

やあ！
ねぇねぇ！
調子どう？
かまって
ねぇねぇ！
無視しないで
調子どう？
いっぱい喋るけど特に用事なさそう
どちらもイメージどおりだった
猫トークアプリ
かまって
ニャー
ニャー
ニャー

猫の心②

……
……
……
たねおも録らせてー
私にはあんまり喋ってくれなかったので夫が録った
ぴぃぴ
ちゃあ〜
ふぁ〜ん
なんかエレガントだった
ごきげんいかが？
パパ！どこにいるの？
愛する人、私はここよ！
猫トークアプリ
呼び方「パパ」なんだ…

無精猫のヤキモチ

トンちゃんの前でたねおをかわいがると

前よりもなでさせてくれる

ぷ…

ヤキモチをやいて怒るので

トンちゃんにバレないようにかわいがる

寝てる間に…

なで なで

なで

うはははははは

ぷ

…ぷ…

トンちゃんは起きていた

そして寝ころんだまま怒っていた

ぷぅ

ぷ

無精だなぁ

圧をかけにきたトンちゃんと

目を合わせないようにする

仲良いけど、しょっちゅう
どつき合いもしている2匹

たねおが変なことしてる。

相変わらず細長いです

どうなってるのか混乱する寝姿

だっこしてほしすぎて夫に登っているところ

夫にだっこされて嬉しいたねお

とり乱した

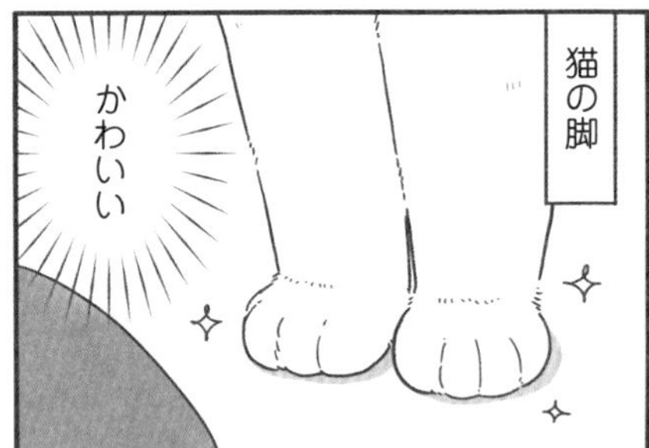

こんなにかわいくする必要あった？と思うほどかわいい

かわいいのでうっかり
口に入れたくなるけど

思いとどまるようにしてる

怖かわ

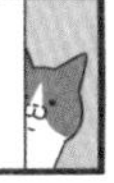

緊張からか鼻息が荒くなります。かわいいです

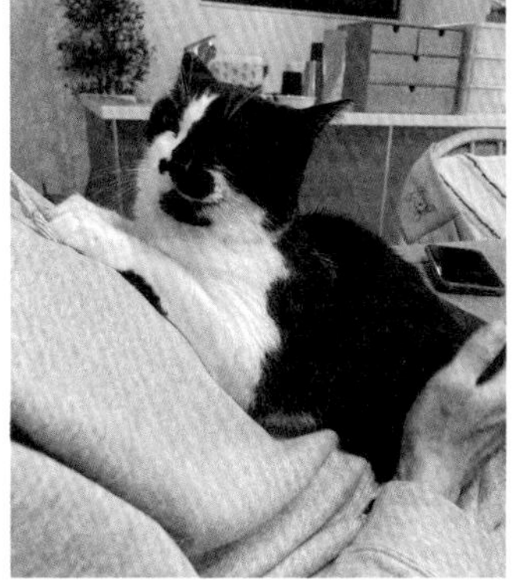

詫びペロ

なでなでしていたら

なで なで なで なで

ちょっと噛んだトンちゃん

カ

いたい

ハッ

もう触られたくなかったか

噛んじゃった…

つい…

ごめんよ

ごめんよ

ペロ

ペロ

噛んでごめんよ

噛んだ分サービス

ごめんよ〜

ここで寝たい

にぇ…
にぃい…

足場がぐよぐよする…
にぃぃいいいん
ぐょ
ぐょ
でしょうね
側面ですからね

ぐよ
ぐよ
はうはうはう
ぐよ
ぐよ

あうあうあう
ずるっ

ぐよぐよする!!!
にぃやぁぁあぁぁぁぁ
降りればいいと思うよ

最終的にぺっちゃんこにされた筒状の紙袋

筒状の紙袋とトンちゃん

筒状の紙袋とシノさん

猫に奪われた飼い主のパーカー

体格もしっぽも
三者三様

いい感じに集合していた3匹

かわいそうな顔で
ごはんを催促する
（さっき食べた）

トンシノたねお思い出アルバム

カメラを向けられても知らん顔のシノたねと、かわいい顔をするトンちゃん

シノさんは変わらずトンちゃんが好き

遊ぶシノたねと動かないトンちゃん

自由な3匹

だっこされてるたねおが
気に入らないトンちゃん

アイドルの格

「かわいい」と褒め称えて写真を撮るので、スマホを向けるとキュルッとします

猫の文化をここまで研究した先人たちの猫愛もすごいと思うんです

異文化交流

あとがき

この本を手にとっていただき、ありがとうございます。
猫たちのことをちょこまか描いているうちにもう7巻。
いっしょに猫を「かわいいねぇ」と見守ってもらえるのは
本当に嬉しいことです。

猫たちは新居でも元気いっぱいで、
猫なりに日々成長したり相変わらずだったりしながら
仲良く暮らしています。
現在キャットフードをシニア用に切り替え中です。

頑張って闘病して元気になったウーちゃんですが
1年後、この本の制作中に残念ながら亡くなってしまいました。

もっと長生きさせてあげたかったです。
ウーちゃんをかわいがっていただきありがとうございました。

編集担当の森野さん、デザイナーの千葉さん、
着彩でご協力いただいた山本あり先生には
大変お世話になりました。
この漫画に関わる全ての方と、
いつも猫たちを愛でてくれる皆様に感謝いたします！
またお会いできますように。

2023年3月　卵山玉子

現在の3匹のニックネーム

なんとなく長毛にしてみました

・もち（継続）
・のめちゃん
・おかわりちゃん

・チャマ
・かわチャマ
・赤福ちゃん

・やったねちゃん
・ピッピ
・るん

SPECIAL THANKS

着彩協力
山本あり

STAFF

ブックデザイン
あんバターオフィス

DTP
ビーワークス

校正
齋木恵津子

営業
大木絢加

編集長
斎数賢一郎

担当編集
森野穣

うちの猫(ねこ)がまた変(へん)なことしてる。7

2023年 3月30日　初版発行

著者　卵山玉子(たまごやまたまこ)

発行者　山下直久

発行　株式会社 KADOKAWA
〒102-8177　東京都千代田区富士見 2-13-3
電話 0570-002-301（ナビダイヤル）

印刷所　図書印刷株式会社

◆ お問い合わせ ◆
https://www.kadokawa.co.jp/（「お問い合わせ」へお進みください）
※内容によっては、お答えできない場合があります。
※サポートは日本国内のみとさせていただきます。
※Japanese text only

定価はカバーに表示してあります。

ISBN 978-4-04-681589-7 C0095

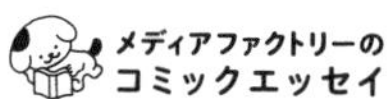

KADOKAWAの猫コミック!

じじ猫くらし2

ふじひと

この日々が愛おしいと、何度も思い出すんだろう。
猫と過ごす春夏秋冬。なにげない幸せが詰まった心温まる猫コミックエッセイ、待望の第2弾。
全編オールカラー&単行本には「重い猫」、「猫の1日」、「猫の跡」、「猫と海」といった珠玉の長編4エピソードをふくむ、未公開作品56Pを収録。猫と一緒に暮らすなにげない日常を大切にしたくなる、心温まる一冊です。

世界一幸せな飼い主にしてくれた猫

ねこゆうこ

いつか、ぜんぶ、宝物になる。ブログ月間PV数12万達成した、飼い猫の最期の日々と、そのあとを描くコミックエッセイ。15年前に保護され、ずっと一緒に暮らしてきた猫のちゃーにゃん。食欲が落ちてきたかなと感じはじめた頃、口の中に口内炎のようなものを見つけ、病院に連れて行くと、「ガン」と診断され…。大切な家族の最期、言葉を交わすことができない私たちに精一杯にできることを、できるかぎりしてあげたい…と試行錯誤の日々。生き物を飼っている人、生き物を看病している人、ペットロスに陥っている人、そして新しく生き物を迎えたいと思っている人…そんな生き物を愛する全ての人に送るコミックエッセイ。

黒猫ろんと暮らしたら4

AKR

大人気シリーズ第 4 弾。
描き下ろし 40P 以上とコラムもたっぷり収録
AKR 家のアイドル、黒猫ろんは 8 才に。
お医者さんで太り気味を指摘されたことから AKR は一念発起してろんのダイエットに挑む!
果たしてろんは健康的にスリムになれるのか…?
癒され度ナンバー1 の黒猫コミックエッセイです。